SUTTON
VERLAG

Die „Gorch Fock" I unter Vollzeug im Jahre 1934.

WULF MARQUARD

DIE GORCH FOCK I

Eine Legende in Bildern

Gorch Fock I

SUTTON VERLAG

DIE „GORCH FOCK“ I

Länge: 82 Meter • **Breite:** 12 Meter • **Verdrängung:** 1.350 Tonnen • **Segelfläche:** 1.790 Quadratmeter • **Bauwerft:** Blohm+Voss • **Bau-Nr.:** 495.

Die „Gorch Fock“ I ist baugleich mit der rumänischen „Micea“ und 7 Meter kürzer als ihre noch segelnden Schwestern „Eagle“ (ex. „Horst Wessel“), „Sagres“ (ex. „A. L. Schlageter“) und „Gorch Fock“ II.

www.gorchfock1.de

Impressum

Sutton Verlag GmbH
Hochheimer Straße 59
99094 Erfurt
www.suttonverlag.de

ISBN: 978-3-95400-093-7
Druck: Printed in Italy by L.E.G.O. S.p.A.

INHALT

BILDNACHWEIS

Fotos für dieses Buch haben dankenswerter Weise zur Verfügung gestellt:
Blohm+Voss, Hamburg; Christian Rödel; Jürgen Husmann; Dietmar Glöckner; Eckard Freede; Ines Lorenz; Nicole Merten; Tall Ship Friends Archiv; Wulf Marquard und ein ganz besonders netter dpa-Fotograf.

Mit dem Ankauf des 1933 bei Blohm+Voss gebauten Segelschulschiffes hat der gemeinnützige Verein Tall-Ship Friends e. V. 2003 ein nicht unbedeutendes Stück deutscher Marine- und Seefahrtgeschichte, das 1945 Reparationsgut der UdSSR wurde, wieder nach Deutschland holen können. Ein historisch einmaliger Vorgang. Nach 54 Jahren unter sowjetischer und ukrainischer Flagge ist die Bark wieder unter ihrem alten Namen „Gorch Fock" im deutschen Seeschiffsregister mit Heimathafen Stralsund eingetragen.

Die außergewöhnliche Geschichte dieses Windjammers lässt sich nicht in seinem Logbuch ablesen. Sie beginnt mit dem tragischen Untergang des Segelschulschiffes „Niobe" im Jahr 1932, bei dem 69 Männer vor der Ostseeinsel Fehmarn den Tod fanden. So groß das Unglück auch war, hatte es doch positive Auswirkungen auf die nächste Generation von Segelschulschiffen, die an der Werft Blohm+Voss in Hamburg vom Stapel laufen sollte.

Schon die Baunummer 495 – die „Gorch Fock" I –, das erste von sechs fast baugleichen Segelschiffen, war eine extrem sichere Konstruktion. Das Schiff sollte sich aus einer Schräglage von 90° (!) selbst wieder aufrichten können. Sieben Querschotte teilen die Bark in sechs wasserdichte Abteilungen, die das Schiff auch bei je zwei vollgelaufenen Abteilungen vorn und achtern noch schwimmfähig halten.

Nach Versenkung, Bergung und Wiederaufbau hat die Bark unter dem Namen „Towarischtsch" von 1949 bis zur zwangsweisen Stilllegung 1995 vielen tausend Nautik-Studenten Seebeine wachsen lassen.

Diese praktische Ausbildung an Bord von Segelschulschiffen ist bis heute Pflichtteil der Seemannsausbildung in Russland. Mehr als hundert Jahre, nachdem maschinengetriebe Schiffe die Meere zu beherrschen begannen und die Rahsegel verdrängten, ist diese auch von der Marine gepflegte Ausbildung durch nichts zu ersetzen. Sie ist die Antwort auf die Frage nach Teamfähigkeit und Selbstbeschränkung, Hilfsbereitschaft und Disziplin, Kameradschaft, Verantwortungsbewusstsein und Leistungsbereitschaft unter erschwerten Bedingungen, ohne die das Überleben in dem Mikrokosmos eines Segelschiffes nicht möglich ist.
Vier verschiedene Nationalflaggen haben in 54 Jahren an der Gaffelnok des Besan geweht, die fünfte führt die „Gorch Fock" I, seit sie wieder in den Hafen zurückgefunden hat, in dem sie bis 1945 stationiert war.

Dieses Buch beschreibt die ungewöhnliche Geschichte dieses bemerkenswerten Segelschiffes vom Bau bis zum Jahr 2013 mit Schwerpunkt auf der jüngeren Geschichte und die Bemühungen des Eignervereins, die „Gorch Fock" I wieder seetüchtig zu machen.

Wulf Marquard

Johann Wilhelm Kinau bestand im Alter von 12 Jahren die „Feuertaufe“ auf dem Ewer seines Vaters nicht – er wurde seekrank. Nach einer Kaufmannslehre, dem Besuch einer Handelsschule und einer Anstellung als Schreiber war Kinau 1898 Buchhalter und Lehrer im Fach „Briefe schreiben“ in Meiningen. Heimweh war der Motor für seinen schriftstellerischen Drang und die Heimkehr nach Finkenwerder. Er schrieb in Hoch- und Niederdeutsch, auch unter dem Pseudonym Gorch Fock. 1912 publizierte er seinen erfolgreichsten Roman „Seefahrt ist not!“, eine Hommage an seine Heimat und Mundart. 1914 meldete sich Kinau als Kriegsfreiwilliger. 1916 wurde er Beobachter auf dem kleinen Kreuzer S.M.S. „Wiesbaden“. Das Seegefecht, das später als Skagerakk-Schlacht in die Kriegsgeschichte einging, kostete auch ihn das Leben. Das Grab des Dichters liegt auf der kleinen westschwedischen Insel Stensholmen.

*Der Dichter Gorch Fock, mit bürgerlichem Namen Johann Wilhelm Kinau (*22.08.1880 in Finkenwerder, † 31.05.1916 auf See).*

Anlass zum Bau der „Gorch Fock" war der Untergang des Schulschiffes „Niobe", das im Juni 1932 in einer Gewitterböe im Fehmarnbelt (Ostsee) gesunken war. Die „Niobe" war eine Prise aus dem Ersten Weltkrieg, ein 58 Meter langes, 1913 in Dänemark als Schoner vom Stapel gelaufenes Schiff. 69 Männer verloren bei dem Unglück ihr Leben.

Die Hilfsbereitschaft und Solidarität der Bevölkerung war groß. Die Staatsmünze prägte eine Gedenkmünze, der Flottenbund deutscher Frauen und andere sammelten mehr als 200.000 Reichsmark für einen Neubau, weil die Reichsmarine einen Schiffsneubau allein nicht zu finanzieren in der Lage war.

So wurde das Jahr 1932 indirekt zum Geburtsjahr eines neuen Typs von Segelschulschiffen mit einem extrem hohen Sicherheitsstandard, der richtungweisend wurde – nicht nur in Deutschland.

Entscheidend für die Erteilung des Bauauftrages der Reichsmarine an die Werft Blohm+Voss in Hamburg war die Zusicherung der Werft, den knappen Indienststellungstermin einzuhalten. Dieser sprichwörtlichen Zuverlässigkeit verdankt die Werft noch heute ihren weltweit erstklassigen Ruf. In den Reparaturdocks der Werft kann man Schiffe aus vielen Ländern sehen – bis hin zur „Queen Elisabeth II".

◂ *„Gorch Fock" I (ex. „Towarischtsch" ex. „Gorch Fock") in Stralsund.*

Am 14. Januar 1933 fand auf der Werft Blohm + Voss in Hamburg die Kiellegung der „Baunummer 495" statt.

Der „Ersatz ‚Niobe'“ nimmt langsam Gestalt an.

Am 2. Dezember 1932 erhielt Blohm + Voss in Hamburg den Bauauftrag für ein neues Segelschulschiff. Damit war der Startschuss zum Bau des erfolgreichsten und sichersten Segelschiffstyps gegeben, der je vom Stapel gelaufen ist. So sollte „Ersatz ‚Niobe'" sich z. B. aus einer Schräglage von 90°(!) aus eigener Kraft wieder aufrichten können. Weiter war das Schiff in sechs wasserdichte Schotten unterteilt, die so berechnet waren, dass vorn und achtern je zwei Abteilungen voll Wasser laufen konnten und das Schiff trotzdem schwimmfähig blieb.

Die Kiellegung erfolgte am 14. Januar 1933, knapp vier Monate später lief die Bark vom Stapel. Die Taufrede hielt der Chef der Marineleitung Admiral Raeder. Getauft wurde das Schiff von der Vorsitzenden des Flottenverbandes, der mit Spendensamm-

Nach nur 100 Tagen Bauzeit fand am 3. Mai 1933 der Stapellauf der „Gorch Fock" statt.

lungen erhebliche Mittel für den Schiffsneubau gesammelt hatte. Mit dabei war auch Rudolf Kinau, Bruder des Namensgebers.

Am 24. Juni 1933 fand die Abnahmefahrt statt, am 27. Juni die Indienststellung des Schiffes durch den Auftraggeber, die Reichsmarine, und die Übergabe an die Inspektion des Bildungswesens der Marine. Die Ausbildung konnte, wie von der Werft gefordert, pünktlich beginnen.

Der Ausbildungsbetrieb lief vorwiegend in küstennahen Gewässern ab. Travemünde, Pillau, Bremerhaven, Sassnitz, Königsberg, Cuxhaven und natürlich der „Heimathafen" Kiel wurden angelaufen. Auslandsreisen führten die „Gorch Fock" nach England, Norwegen, in die Niederlande und nach Finnland.

Die „Gorch Fock" nach der Indienststellung am 27. Juni 1933.

Der Waschraum der Kadetten im Vorschiff der „Gorch Fock“.

◂ *Die Mittagshöhe der Sonne wird mit dem Sextant „geschossen“. Auf diese Weise wir die geografische Breite ermittelt.*

Die Stagsegel werden geborgen.

Voll ausgerüstet verdrängt (wiegt) die „Gorch Fock“ 1.690 Tonnen. 1.850 Quadratmeter Segel, verteilt auf 23 Segel (10 Rahsegel, 4 Klüver, 6 Stagsegel, 2 Gaffeltopsegel) ermöglichen dem Schiff bei günstigem Wind eine Geschwindigkeit von 12 Knoten (Knoten: naut. Meilen/Std. = 22 Kilometer pro Stunde).
Die Besatzung (1933 ca. 250, davon 180 Schüler, ab 1949 ca. 200, davon 110 Studenten)

◂ *„Gorch Fock“ in frischem Wind.*

Das Schlepplog wird ausgebracht, um die Geschwindigkeit des Schiffes zu ermitteln.

Das Holzdeck wird mit dem sogenannten Gebetsbuch (einem Ziegelstein), Sand und viel Wasser abgezogen.

Flottenparade auf der Kieler Förde. Die vor Anker liegenden Schiffe schießen hier nur Salut. Das einzige „friedliche“ Schiff ist die „Gorch Fock“ – mit paradierenden Kadetten auf den Rahen. Im Hintergrund links sieht man das Marineehrenmal Laboe.

◂ *Der Kommandant der „Horst Wessel“ grüßt die „Gorch Fock“, deren Mannschaft an Deck angetreten ist.*

Die im Strelasund versenkte „Gorch Fock".

Der Beginn des Zweiten Weltkrieges setzte den Ausbildungsreisen der „Gorch Fock" ein Ende. Das Schiff wurde als stationäres Schulschiff, zeitweilig als Büro- und Wohnschiff in Pillau (heute Baltisk) und in Swienemünde eingesetzt und 1944 nach Lauterbach kommandiert (Insel Rügen) mit Liegeplatz zwischen Lauterbach und der Insel Vilm.
Dem 1. Schiffsstammregiment in Stralsund unterstellt, lag die „Gorch Fock" bis zum 9. März 1945 an der Ballastkiste (dem heutigen Liegeplatz) in Stralsund und ging am 9. März im Strelasund vor Anker.
Am 27. April 1945 erfolgte die endgültige Außerdienststellung der Bark. An Bord verblieb lediglich ein Wachkommando. Am 30. April sprengten Pioniere der Wehrmacht die „Gorch Fock" auf ihrer Ankerposition im Strelasund auf 54.17,4 N 13.8,1 O auf zehn Meter Wassertiefe.
Im Frühjahr 1946 ordnete die sowjetische Militäradministration in Deutschland die Bergung der vielen Schiffswracks an. Die „Gorch Fock" wurde 1947 gehoben. Nach dem vierten Hebeversuch schwamm die Bark wieder.

Die „Gorch Fock“ 1947, unmittelbar nach dem Heben.

Ein neues (Schiffs-)Leben, ein neuer Name: „Towarischtsch“ (russ. Kamerad) 1949 г. (russ. goda = Jahr) ist noch heute auf der Schiffsglocke zu lesen, die auch in Zukunft bewahrt werden wird.

UNTER SOWJETISCHER UND UKRAINISCHER FLAGGE

Im Oktober 1949 war der Wiederaufbau der Bark an Werften in Rostock und in Wismar beendet. Die Bark erhielt den Namen „Towarischtsch", in Erinnerung an das erste russische Segelschulschiff, das im 1944 in Mariupol verlorengegangen war. Im September 1949 wurde „Towarischtsch" an die Seefahrtschule in Cherson übergeben. In den ersten Jahren wurde im Schwarzen Meer gesegelt, ab 1960 unternahm die „Towarischtsch" ausgedehnte Ausbildungsreisen und legte dabei ca. 280.000 Meilen (520.000 km) zurück. Die Liste der angelaufenen Länder reicht tatsächlich von A bis Z: Argentinien, Algerien, Ägypten, Belgien, Brasilien, Bulgarien, DDR, England, Frankreich, Griechenland, Indien, Indonesien, Jugoslawien, Malta, Marokko, Niederlande, Polen, Singapur, Sri Lanka, Schweden, Türkei, Tunesien, Uruguay, USA, Zypern. Besondere Ereignisse waren die erstmalige Teilnahme an den Tall-Ship Race 1975 und 1992 am „Columbus-Race" nach Amerika.

Nach Perestroika und Glasnost segelten 1992 die ersten Mitglieder von Tall-Ship Friends e. V. auf der „Towarischtsch". In den Gasthäfen wehte aus formalen Gründen noch die rote Flagge der UdSSR auf dem „alten Kameraden", aber auf See ließ der ukrainische Kapitän die blaugelbe Flagge seiner Heimat aufziehen, der Ukraine.

Zukünftige Nautiker und Schiffsingenieure werden zu tüchtigen Seeleuten.

Studenten beim Segelsetzen.

Parallel zum Decksdienst geht die theoretische Ausbildung der Studenten weiter.

Auch wenn ein Sextant nur ein präziser Winkelmesser ist – die Handhabung will gelernt sein.

Farbe waschen (und malen) ist an Bord eine nicht enden wollende Tätigkeit.

Rein Schiff auf russische Art.

Studenten beim Essen in der Schiffsmesse.

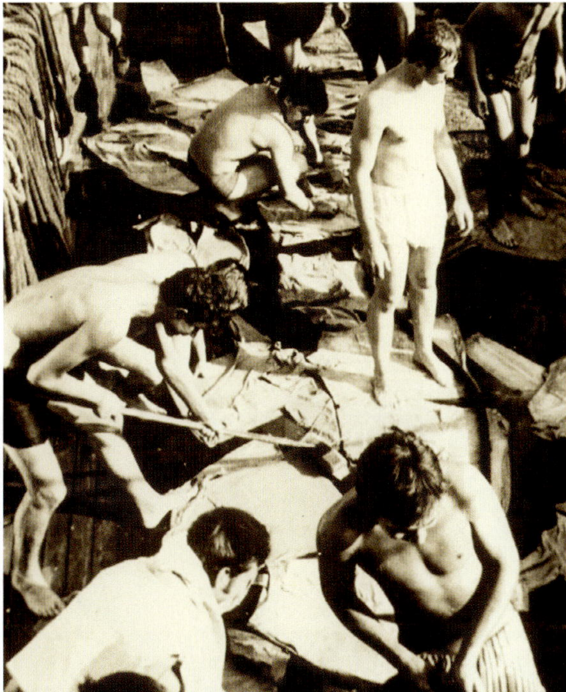

Waschtag an Bord.

ТОВАРИЩ

„Towarischtsch" segelte 1989 noch mit der Flagge der Sowjetunion während einer Ausfahrt mit Gästen auf der Elbe beim 800. Hamburger Hafengeburtstag.

Die zum neuen Schiffsbetreiber ernannte Seefahrtsschule in Cherson wurde 1834 auf Dekret von Zar Nikolaus I. gegründet und ist die älteste Seefahrtschule des Landes. Sie hat mehr als 30.000 Studenten, hauptsächlich aus der UdSSR, aber auch anderen sozialistischen Ländern Asiens und Afrikas, „Seebeine wachsen lassen". Die Mehrzahl der Absolventen der Seefahrtschule wurde bei den Staatsreedereien angestellt.

1993 liegt „Towarischtsch" am Liegeplatz im Heimathafen Cherson (Ukraine), seit zwei Jahren weht die ukrainische Flagge an der Gaffel.

◂ *Beim Setzen der Segel.*

Die Ausbildung an den Seefahrtsschulen Russlands und der Ukraine erfüllt internationale Standards. Mehr noch: Für zukünftige Nautiker und Schiffsingenieure schreiben die Ausbildungspläne Seefahrtzeit auf einem Segelschulschiff vor, eine Ausbildung, die in Deutschland nach dem Untergang der frachtfahrenden Viermastbark „Pamir" im Jahre 1957 (80 der 86 Besatzungsmitglieder ertranken) und der anschließenden Außerdienststellung des Schwesterschiffes „Passat" ein Ende fand. Die gut ausgebildeten Seeleute aus Russland sind auf vielen kommerziell betriebenen Großseglern in allen Rängen anzutreffen – wegen ihrer guten Ausbildung.

Beim Segelsetzen sind alle Hände einer Wache gefragt.

Der Bootsmann auf dem Weg zu einem seiner vielen Arbeitsplätze.

Lohn der harten Arbeit: Fahrt voraus.

Geschützt vor südlicher Sonne: die Rudergänge.

Studenten beim Bergen der Klüver.

1976 war „Towarischtsch“ erstmals in der Operation Sail dabei. Es war auch das erste Mal, dass alle noch segelnden „Gorch-Fock“-Baumuster zusammentrafen: „Eagle“ (ex. „Horst Wessel“), „Sagres“ (ex. „Albert Leo Schlageter“), „Mircea“, „Towarischtsch“ (ex. „Gorch Fock“) und die „Gorch Fock“ II der Deutschen Marine.

Nicht sonderlich beliebt: Backschaft (hier: Kombüsendienst).

Die schönste Wache: Freiwache.

Der Sonnenschein täuscht. 1995 hatte die „Towarischtsch" nur noch eine Betriebszulassung für das Schwarze Meer, das als Binnenrevier gilt. Weil in der Ukraine keine Mittel für Reparaturen verfügbar waren, segelte die Bark mit einer Reparaturzusage nach Newcastle upon Tyne (England). Der Kontakt war durch die englische Jugendhilfsorganisation „People against Crime" zustande gekommen, die 1993 eine Gruppe Jugendlicher auf „Towarischtsch" mitsegeln ließ. Die Reparaturen kamen in Newcastle nicht in Gang, obwohl 500.000 Pfund Sterling zur Verfügung standen – der Umfang der Schäden erwies sich als wesentlich größer als angenommen. Weil die Papiere der „Towarischtsch" abgelaufen waren, verhängte die Marine Safety Agency ein Betriebsverbot – die „Towarischtsch" war gefangen wie ein Auto ohne TÜV-Plakette. Der Verein Tall Ship Friends GB versorgte die Mannschaft, die auf der Bark ausharrte, mit dem Nötigsten. Zwei Jahre später wurde die „ Towarischtsch" nach Middlesborough geschleppt. Hier sollte eine Werft für Traditionsschiffe entstehen. Aber auch dieser Versuch scheiterte, denn die Werft kam über das Planungsstadium nicht hinaus.

◂ *„Towarischtsch" auf dem Weg von Middlesborough (England) nach Wilhelmshaven.*

Im September 1999 wagte der Verein Tall Ship Friends einen neuen Versuch, dem Schiff zu helfen: Er vermittelte eine Einladung der Bark nach Wilhelmshaven, wo „Towarischtsch" Star der Expo am Meer 2000 war. Die Kosten teilten sich Stadt und Verein. Der Versuch, für die alte „Gorch Fock" Mittel für dringend nötige Reparaturen in Deutschland zu beschaffen, scheiterte. Unterschiedliche Auffassungen über die weitere Vorgehensweise führten zur Aufkündigung der Vereinbarung zwischen Schiffseigner und dem Verein Tall Ship Friends e. V., dann ging auch die Deutsche Seemannsmission im wahrsten Sinne des Wortes von Bord …

Ankunft in Wilhelmshaven im September 1999.

Nach der Expo wird es still um das Schiff, das am Bontekai im Stadthafen von Wilhelmshaven liegt.

Stillstand.

Der Verfall beginnt.

Der Ruderstand verwaist.

Von der Sonne zerfasertes Tauwerk.

Die Decksausrüstung leidet.

Nachdem es auch in Deutschland nicht gelang, Mittel für die Reparaturen der Bark zu sammeln, wurde das „Schiffsleben“ schwer. Der Schiffseigner verkürzte die Mannschaft der „Towarischtsch“ auf zehn Mann, dann auf vier; der Pflegezustand des Schiffes verschlechterte sich deutlich sichtbar. Das Schiff wurde aus dem Stadthafen an das Deutsche Marinemuseum verlegt, weil das Sinken des Schiffes befürchtet wurde … Wilhelmshavener Freunde kümmerten sich in dieser Zeit um die kleine Mannschaft.

Außer Betrieb: die Kombüse.

Das Altgerätelager.

Bei der Inspektion des Maschinenraums.

Die leeren Unterkünfte der Studenten.

Inspektion in Wilhelmshaven: die 110-Volt-Gleichstrom-Schalttafel.

Die Schiffsglocke der „Towarischtsch" mit neuem Schiffsnamen.

Im Sommer 2003 wurde dem Verein Tall Ship Friends e. V., der die „Towarischtsch“ von 1992 bis 1995 mit einem Segelprogamm für Windjammerenthusiasten betreute, die Bark zum Kauf angeboten. Die Preisvorstellung des Eigners war jenseits jeder Realität – trotz des großen Namens des Schiffes. Nach und nach kam eine realistischere Summe ins Gespräch, die eine Besichtigung des Schiffes in Wilhelmshaven sinnvoll erscheinen ließ. Im September 2003 hieß der Schiffseigner Tall Ship Friends e. V.

Weil die Genehmigung zum Schleppen des Schiffes nicht gegeben wurde, musste die Bark mit einem Dockschiff nach Stralsund transportiert werden. Dies erforderte nicht nur die Verringerung des Tiefgangs durch Ausbau eines Teils des Ballastes aus der Bark: Die Ladefläche des Dockschiffes konnte nämlich nur 3,7 Meter abgesenkt werden, die Bark hatte aber einen Tiefgang von 5,2 Meter. Auch das Kürzen der Masten war notwendig, um die Brücken im Kielkanal (Nord-Ostsee-Kanal) passieren zu können. Die technische Klärung des Transportes war einfach – im Vergleich zum „Rest“: Die Verladung, nötig geworden durch das nicht genehmigte Schleppen, verursachte Mehrkosten von deutlich mehr als 100.000 Euro. Diese ungeplante „Dränage“ konnte die ohnehin nicht auf einen Schiffsankauf vorbereitete Vereinskasse nur durch Darlehen von Mitgliedern überleben.

September 2003: Der neue Schiffseigner ist Tall Ship Friends e. V

Die Sensation ist perfekt: Ehemaliges Reparationsgut der UdSSR ist wieder unter deutscher Flagge, was auch die Medien interessiert.

Wegen einer verweigerten Schleppgenehmigung muss der Transport mit einem Dockschiff nach Stralsund erfolgen.

Der Tiefgang der Bark (5,2 Meter) muss verringert werden, weil das Dockschiff nur vier Meter tauchen kann. Um den Tiefgang zu reduzieren, wird Ballast von Bord genommen.

Alte Rettungsinseln werden entsorgt.

Die Fock- und Großstengen werden gekappt, um unter den Brücken des Kieler Kanals passieren zu können.

Nach einem anstrengendem Arbeitstag: unsere polnischen Helfer.

Das Dockschiff „Condock V“ der Hamburger Rederei Condock wurde 1984 in Rendsburg gebaut, verdrängt etwa 6.700 Tonnen und wird von zwei MaK-Motoren mit je 1.450 Kilowatt angetrieben. Die 85 Meter lange Ladefläche reichte für die „Gorch Fock“ I mit 82 Meter Länge gerade aus. Der Tiefgang der Bark von 5,2 Metern musste jedoch soweit reduziert werden, dass es auf die nur 4,5 Meter unter dem Wasserspiegel befindliche Ladefläche des Dockschiffes einschwimmen konnte.

Vor dem getauchten Dockschiff ist von den Schlepperführern Präzision verlangt …

Die Bark wird mit Schlepperhilfe hinter das getauchte Dockschiff „Condock V“ bugsiert.

Die Bark hat ihre Position vor dem Dockschiff erreicht.

Nach acht Jahren erstmals wieder in der frischen Luft.

„Towarischtsch“ hat ihre Position im Dockschiff erreicht und taucht langsam auf.

Letzter Stopp Wilhelmshaven: die Schleuse zur Jade.

Auf dem Weg nach Stralsund.

MS „Condock V“ mit seiner geschichtsträchtigen Ladung bei der Ankunft an der Volkswerft Stralsund.

Die „Towarischtsch“ hat das getauchte Dockschiff verlassen.

Die Transportsicherungen und Transportstützen werden nach der Ankunft in Stralsund wieder entfernt.

Nach der Ankunft in Stralsund werden die Transportsicherungen entfernt, mit denen die „Towarischtsch“ im Dockschiff fest verschweißt war, und „Condock V“ taucht wieder fünf Meter, damit die Fracht ausgeladen werden kann.

Die Bark auf dem Travellift der Volkswerft Stralsund.

Am Abend vor dem Trockenstellen (Docken) ▸
an der Pier der Volkswerft Stralsund.

Das Schiff ruht auf Traversen, die hydraulisch angehoben werden und rollen können. Werftarbeiter bereiten das Verschieben der Bark an den Reparaturplatz vor.

Erster Arbeitsgang: Reinigen des Unterwasserschiffes.

Schadhafte Stahlplatten werden aus dem Schiffsrumpf gebrannt.

Auch der alte Schiffsname „Towarischtsch“ fällt den Reparaturen zum Opfer.

Schadhafte Stellen im Zwischendeck und an den Frischwassertanks werden ersetzt.

Im Schiffbau geht heute nichts mehr ohne Computer, auf denen auch die Zeichnungen entstehen. Für die „Gorch Fock" I gab es keine Computerzeichnungen – die Schiffbauer der Volkswerft Stralsund haben die Krümmung der Platten wie früher am Schiff abgenommen und die Platten in der Werft – wie früher – mit Gefühl und Augenmaß in die passende Form gebracht. Es geht auch (noch) ohne Computer.

Die Stunde der Maler ist gekommen.

Die Bahn- und Straßenbrücke des Rügendamms wird passiert.

Im Stralsunder Hafen warten Schaulustige auf die Taufe des Segelschiffes.

◂ *Das Musikcorps „Ostsee“ der deutschen Marine spielt „Weiß ist das Schiff, das wir lieben“.*

Die wiedergefundenen alten Reifen des Doppelruders.

RIDAS-POST
RIDAS-POST
RIDAS-POST
0,46 €
Eagle, USA, ex Horst Wessel
RIDAS-POST
0,46 €
Sagres, P, ex A. L. Schlageter
RIDAS-POST
0,46 €
Mircea, Ru
RIDAS-POST
0,46 €
Gorch Fock I (1933)
RIDAS-POST
0,46 €
75
1933
2008
Gorch
Fock I
RIDAS-POST
0,46 €
Gorch Fock II
RIDAS-POST
0,46 €
Towarischtsch, GUS (Gorch Fock I)
RIDAS-POST
0,46 €
RIDAS-POST
0,46 €
Gorch Fock I

Nicht jede Arbeit erfordert ein Trockendock oder eine Werft. Am Liegeplatz der „Gorch Fock" I gehen die Instandsetzungsarbeiten weiter. Decksflächen werden getauscht, Teile der Außenhaut werden erneuert, Schotte neu aufgebaut – und das alles, während das Schiff für Publikum zugänglich ist. Innerhalb von acht Jahren sind 1,5 Mio. Euro in den Wiederaufbau der „Gorch Fock" I geflossen. Dazu unzählige Stunden Feiwilligenarbeit.

Was ist die Zukunft der „Gorch Fock" I? Ziel des Eignervereins Tall Ship Friends e. V. ist, die „Gorch Fock" I wieder unter Segel zu bringen. So könnte der Segler „sein täglich Brot" selbst verdienen und wäre nicht mehr so sehr von Spenden abhängig.

◂ *Zum 75. Schiffsgeburtstag gab es besondere Briefmarken – auch von den Schwesterschiffen (von oben links: „Eagle" ex. „Host Wessel", „Sagres" ex. „Albert Leo Schlageter", „Mircea", „Gorch Fock" I, „Gorch Fock" II, „Towarischtsch" (1989) im Dockschiff 2003 und am Liegeplatz Stralsund 2003.*

Die „Gorch Fock“ I am Liegeplatz Ballastkiste.

Ruhe im Schiff!

Das renovierte Doppelruder glänzt in alter Pracht.

Demontierte Kabel im Divisionsraum.

Der beräumte Maschinenraum heute.

Nach dem Ende der Reparaturen an der Werft gehen die Arbeiten am Liegeplatz im Stralsunder Hafen weiter: Die Wiederinbetriebnahme der Bark als Segelschulschiff erfordert die Demontage der veralteten und unbrauchbar gewordenen Ausrüstung. Diese Arbeiten wurden fast ausschließlich von Mitgliedern des Vereins Tall Ship Friends e. V. und anderen Freiwilligen durchgeführt. Das 110-Volt-

Demontage der unbrauchbaren Anlagen im Maschinenraum.

Der Motorblock der ausgedienten Hauptmaschine wird vom Schiff gehoben.

Gleichstromnetz wurde demontiert, was Unmengen ausgebauter alter Kabel mit Bleimantel zur Folge hatte. Im Maschinenraum wurden Generatoren, Pumpen, Ventilatoren, Rohre, Kabel und Schalttafeln entsorgt. Übrig blieb dort nur das Fundament für die Hauptmaschine.

2008: Wieder ist die „Gorch Fock" I auf dem Weg in die Volkswerft zur Erneuerung des Schwimmfähigkeitszeugnisses.

Alle fünf Jahre ist der Schiffs-TÜV fällig. Dazu muss auch die „Gorch Fock" I trockengestellt werden, wie Fachleute das nennen. Der Schiffsrumpf muss komplett aus dem Wasser, um die Restdicken der Stahlplatten am Unterwasserschiff messen und zu dünne Platten auswechseln zu können.

Eindocken der „Gorch Fock" I mit einem Schlepper voran.

Nachdem die Dicken der Stahlplatten gemessen sind, …

werden schadhafte Platten aus dem Schiffsrumpf geschnitten.

In der Werft: Alle fünf Jahre muss das sogenannte Schwimmfähigkeitszeugnis eines Schiffes erneuert werden, ohne das kein Hafenmeister ein still liegendes Schiff in seinem Hafen haben mag. Eine großzügige Materialspende der Salzgitter AG machte die Sanierung eines großen Teils des Unterwasserschiffes der „Gorch Fock“ I möglich, an dem der Zahn der Zeit deutlich genagt hatte.

Ein überholter Ballastraum.

Elegante Linien – auch unter Wasser.

Der im untersten Schiffsraum – der Bilge – gestaute Ballast, der aus Gusseisenbarren und Blöcken mit einem Gewicht zwischen 30 und 80 Kilogramm bestand, war so zusammengerostet, dass er mit einem Elektrohammer auseinandergebrochen werden musste, bevor der Transport aus dem Schiff möglich war. Entsprechend sahen auch die Lagerstätten aus, die mit Hochdruckreinigern entrostet wieder „einladend“ aussehen.

Neue Stahlplatten sind angepasst und warten auf das Verschweißen.

Eine fertig verschweißte Stahlplatte.

Die vorgefertigten Stahlplatten für die Außenhaut des Schiffes werden in den Schiffsrumpf eingesetzt und dann mit sogenannten Klinken auf ihrem Platz fixiert, bis sie fertig eingeschweißt sind. Während die Werftarbeiten voranschreiten, räumen Vereinsmitglieder und Helfer Ballasteisen aus dem Schiffsrumpf der „Gorch

Verrottete Armaturen unter dem Ballast.

Freiwillige Helfer bauen mehr als 200 Tonnen Ballast aus, um die Ballasträume überholen zu können.

Fock" I (Gewicht pro Stück ca. 40 kg), um auch hier zu entrosten und zu streichen – was sich als bitter nötig erweist, wie das völlig verrostete Ventil (Bild) zeigt.

Der Ballast musste wieder vollständig auf seinem Platz im Schiff sein, bevor die „Gorch Fock" I wieder in ihr Element tauchen konnte – ein hartes Stück Arbeit.

Vorgeformte Platten für die Außenhaut werden zum Schiff gehievt.

Zuschnitt von neuem Material.

Die Bark ist während der Reparaturen am Unterwasserschiff eingerüstet, um alle Stellen erreichen zu können. ▸

Die Nietgänge werden besonders sorgfältig konserviert.

Der zweite Anstrich schützt das ganze Unterwasserschiff.

Die Bark ist fertig zum Absenken. Nach getaner Arbeit: In winterlicher Morgensonne wartet die „Gorch Fock" I auf dem Lift der Volkswerft darauf, wieder in ihr Element entlassen zu werden. Das Unterwasserschiff und die Außenhaut sind komplett gestrichen, auch die Krulle (Bugverzierung) wurde nicht vergessen.

Auch die Durchfahrt unter einer Brücke war nicht ohne Schwierigkeiten: Die Genehmigung der Wasser- und Schifffahrtsverwaltung erforderte den Nachweis der genauen Höhe des Schiffes. Um diesen sogenannten Airdraft zu bestimmen, wurde die Höhe des Großmastes mit einem Theodolit bestimmt (bei Landvermessungen verwendeter präziser Winkelmesser): Durchfahrtshöhe 39,99 Meter, Großmast 39 Meter. Da kontrolliert man vorsichtshalber auch den aktuellen Wasserstand!

Auf dem Weg zum Liegeplatz. Im Hintergrund sieht man die neue Rügenbrücke.

Die „Gorch Fock“ I an ihrem Liegeplatz in unmittelbarer Nähe der Altstadt Stralsunds im Jahre 2004.

Die Jacobikirche am nur 500 Meter entfernten Alten Markt, vom Liegeplatz aus gesehen.

Die „Gorch Fock“ I im Hafen von Stralsund. Im Vordergrund sieht man den Lotsenturm, in dem die Lotsenstation und die Hafenverwaltung Stralsund untergebracht sind.

Das Bauschild der „Gorch Fock“ I: Das verlorene Originalschild wurde durch eine Neuanfertigung ersetzt – ein Geschenk der Werft Blohm+Voss Hamburg.

Fast Vogelperspektive: Die „Gorch Fock“ I aus einem Hafenspeicher fotografiert.

Der „russische Balkon".

An Deck werden die Aufbauten zurückgebaut.

Ein neues Bootsgestell ist montiert.

An Deck verschwindet die scherzhaft „russischer Balkon" genannte Verlängerung des vorderen Decksaufbaus, in dem sich die Kombüse und Niedergänge befinden. Hier stehen jetzt die neuen Barrings (Gestelle für Boote), gespendet von Blohm+Voss Hamburg. Der Originalzustand von 1933 ist wiederhergestellt.

Noch funktioniert die Radarantenne … ▸

Das alte Kartenhaus wird demontiert, um das darunterliegende Hüttendeck zu erneuern.

Vereinsmitglied Tscho Zintel aus Krailing bei München zieht neue Webleinen ein.

Hier entstehen Webleinen, die „Treppenstufen“ in die Takelage. Diese „Stufen“ bestanden vorher aus Holzstäben – eine auf russischen Schiffen üblich Form, aber auch ein Detail, das in die ursprüngliche Form zurückgebaut wurde. Über die neuen Webleinen entert eine jedes Jahr zunehmende Zahl von Besuchern auf die Mars des Großmastes der „Gorch Fock“ I.

GIGALIFT
...vermietet Arbeitsbühnen
Stralsund 03831/ 48 11 07
www.gigalift.de

◂ *Am Liegeplatz gehen die Arbeiten am Schiff weiter.*

Nicht alle Reparaturen müssen an der Werft erledigt werden. Reparaturen im Schiffsinneren und auf den Schiffdecks werden am Liegeplatz ausgeführt. Hier tauschen Schiffbauer der Volkswerft einen schmalen Plattenstreifen im Decksübergang zwischen Haupt- und Zwischendeck an der Backbord-Außenhaut der „Gorch Fock" I aus. Viele dieser Decksübergänge sind schadhaft, weil an der Innenseite der Stahlplatten über Jahrzehnte heruntergelaufenes Kondenswasser die Stahlplatten zerfressen hat. Diese „Baustelle" ist mit einem Hubwagen bequem vom Kai aus zu erreichen. Das Verschweißen der Platten ist aber ein kleines Kunststück, weil das schwimmende Schiff nur bei Windstille richtig still hält.

Die reparaturbedürftige Spitze des Besanmastes wird abgenommen.

Der Kommandantenwohnraum im Aufbau.

Unter Deck ist auch der Kapitänssalon neu entstanden – in Eigenleistung. Vom Herausbrennen der alten Decksflächen und dem Einbau der Wärmedämmung bis zum Innenausbau mit Heizung und Beleuchtung. Eine neue Kombüse ist nutzbar, die ehemaligen Divisionsräume der Kadetten sind für Veranstaltungen hergerichtet.

Der „Wohnraum des Kommandanten" ist wieder so eingerichtet, wie ursprünglich von der Werft Blohm + Voss 1933.

Gästeführung im Schiffsmuseum.

Das Hüttendeck wartet auf den Wiederaufbau der Kammern für Schiffsoffiziere. Geschenke von Besuchern bereichern das Schiffsmuseum jedes Jahr um interessante Exponate alter Zeitungsoriginalausgaben von 1932, über Logbücher ehemaliger Offiziersanwärter bis hin zu Schiffsmodellen.

Gorch

Einmal im Jahr ist Sportlerparty beim größten Hallenhandballturnier in Mecklenburg-Vorpommern angesagt: dem „Gorch-Fock" I-Cup.

◂ *Hochzeitspaare lassen sich gern im maritimen Ambiente trauen.*

Regelmäßig sind auf der „Gorch-Fock" I in Deutschland akkreditierte Militärattachés zu Besuch.

Die in Deutschland akkreditierten Militär- und Marineattachés sind jedes Jahr Gäste der Marine Technik Schule der Deutschen Marine in Parow bei Stralsund. Der Rundgang auf der „Gorch Fock" I ist beim Besuch der Hansestadt zu einem festen Bestandteil geworden.

Offiziersanwärter der USCG „Eagle" aus New London besuchen die kleine ältere Schwester „Gorch Fock" I.

Während das Segelschulschiff der US-Küstenwache „Eagle" bei der Hanse Sail in Rostock zu Gast war, nahmen Kadetten der Coast Guard Academy aus New London die Gelegenheit wahr, der „Gorch Fock" I in Stralsund einen Besuch abzustatten.

Eine Woche weilten Studenten der „Krusenschtern" (ex. „Padua") aus Kaliningrad in Stralsund.

Eingeladen vom örtlichen Hilfsverein kamen Kinder aus Tschernobyl zu Besuch an Bord.

36 Studenten der Baltic Fishing Fleet Academy haben ihren Aufenthalt auf der „Gorch Fock" I sichtbar genossen. Die Akademie und Tall Ship Friends e. V. verbindet seit 1991 ein Segelprogramm, bei dem Vereinsmitglieder auf der „Kruzenschtern" mitsegeln.

Vom örtlichen Hilfsverein werden jedes Jahr Kinder aus Tschernobyl nach Stralsund eingeladen. Regelmäßig gibt es dabei auch einen „Gorch Fock" I-Tag. Auch dafür ist immer Zeit an Bord der „Gorch Fock" I.

◂ *Schulprojekt mit Erfolgserlebnis: Aufentern auf die Mars des Großmastes erfordert etwas Mut!*

Shantychöre aus Köln, Hamburg, Karkshagen und der näheren Umgebung singen für die „Gorch Fock“ I und Schulklassen erleben eine „Projektwoche“, während die „Gorch Fock“ I geduldig auf ihre Wiederinfahrtsetzung wartet.

„Gorch Fock" I am Liegeplatz im Stralsunder Nordhafen.

Alle Jahre wieder muss im Winter Schnee und Eis getrotzt werden.

Das große Doppelruder der „Gorch Fock“ I in winterlicher Ruhe.

Die „Gorch Fock“ I an ihrem alten und neuen Liegeplatz in Stralsund.

Die „Gorch Fock“ I aus der Luft.

Silvesterfeuerwerk: Auf ein gutes Neues Jahr!